做到了，你就是最棒的

良好习惯

刷刷 著

希望出版社

图书在版编目（CIP）数据

做到了，你就是最棒的：良好习惯 / 刷刷著.
太原：希望出版社，2025.3. -- （女生成长小红书）.
ISBN 978-7-5379-9317-3

Ⅰ.B842.6-49

中国国家版本馆CIP数据核字第2025WT1393号

ZUODAOLE, NI JIUSHI ZUI BANG DE LIANGHAO XIGUAN

做到了，你就是最棒的 良好习惯

刷 刷 著

出 版 人：王 琦	美术编辑：安 星
项目统筹：翟丽莎	封面绘图：赵倩倩
责任编辑：乔 艳	装帧设计：安 星
复 审：翟丽莎	责任印制：李 林
终 审：傅晓明	

出版发行：希望出版社
地 址：山西省太原市建设南路21号
开 本：880mm×1230mm 1/32　　印 张：5
版 次：2025年3月第1版　　　　　　印 次：2025年3月第1次印刷
印 刷：山西基因包装印刷科技股份有限公司

书 号：ISBN 978-7-5379-9317-3　　定 价：29.00元

版权所有　盗版必究

目录

1. "甜甜的"眼泪 …………… 01
2. 做事要有条理 …………… 15
3. 得到分享的力量 …………… 27
4. 和挑剔说再见 …………… 41
5. 过度模仿的闹剧 …………… 53
6. 即刻行动 …………… 67

7 说好不迟到 ………………… 79

8 摘掉娇气的帽子 ……………… 95

9 耐心有魔力 …………………… 109

10 控制你的坏脾气 ……………… 121

11 让节俭成为习惯 ……………… 133

12 承诺是金 ………………………… 145

1 "甜甜的"眼泪

很多时候，你哭是因为对方不理解你、误解你。可是，你有没有想过，其实对方并不清楚你的想法。你希望对方来安慰你、理解你，就需要把你的心声传达给对方，对方才会做出相应的回应。

下课音乐刚刚响过,六(1)班的教室里就冲出一个女孩,她个头不高,身材偏瘦,宽大的校服把整个身体都包进去了。

女孩径直跑到校门口,扶着铁门向外张望,看了半天,也没发现有什么人在等她。

就在这个时候,女孩身后传来一阵笑声。女孩转身一看,正对着校门的教学楼上,六(1)班的几名学生正站成一排,朝着她大笑呢。

"又被他们骗了!"

女孩垂头丧气地回到教室,来到邻桌王成的面前,质问道:"我妈妈根本就没来,你为什么要骗我?"

王成做了个鬼脸,跳开老远,说道:"谁让你那么好骗啊,一说你妈妈来看你,就头也不回地冲出去了。"

"你……你怎么这样……"说着,女孩的眼泪就流了下来,紧接着趴在桌上呜呜地哭起来。

"好了,算我怕你了,以后不再骗你就是了。"看女孩哭得很伤心,王成心虚了,赶紧过来道歉。

女孩名叫欣欣,脸蛋圆圆的,笑起来有两个可爱的酒窝。不过,她笑的时候少,哭的时候多,所以,眼睛总是红红的。

欣欣的妈妈是一名空姐,而且是飞国际航班的乘务长。妈妈的职业虽然令人羡慕,但是,她成天飞来飞去,根本没有时间照顾家里。欣欣是跟着爸爸生活的,从上学、放学的接送到一日三餐、辅导

作业、参加家长会等,全是爸爸一个人包办。

欣欣的妈妈偶尔会来学校看她,而且每次都会给她带礼物,所以,王成骗欣欣说她妈妈来看她了,她才会飞快地跑出去。不过,就算下次王成还骗她,她也会再次跑出去的,因为欣欣可不想错过和妈妈见面的机会。

欣欣从小就任性,爸爸对她也是百依百顺,所以,稍不如意,她就会拿哭来要挟人,现在长大了,哭也变成了一种习惯。

"欣欣,你怎么回事?都上课了,怎么还在哭啊?"数学老师很认真地说道,"赶紧把眼泪擦干,好好听课。"

可是,欣欣的眼泪哪里有那么容易干啊!

你瞧,尽管欣欣强忍着抽泣,眼泪还是吧嗒吧嗒地往下落。其实,到这个时候,欣欣已经不是在生王成的气了,而是在想妈妈,妈妈上次走的时候说要飞南美洲的包机,到现在都已经超过半个月了。

"你这像什么样子,先出去,什么时候哭好了再进来听课!"数学老师实在忍不住了。

欣欣只好踌躇着走到教室门口,可心里的委屈却如潮水一般涌了上来。以往哭的时候,总会有人安慰自己,心情也很快就好起来了,可这一次……数学老师未免也太严厉了。

教室外的阳光很刺眼,欣欣哭红的眼睛一下子就被刺痛了。

蓝天上正好有一道喷气式飞机留下的白色痕迹,像淡淡的带子一

样嵌在天空中。

欣欣记得小时候，妈妈对她说过："你想我的时候，就抬头看看天空，如果蓝天上出现白色的带子，那就是妈妈给你的礼物。"

看到这条带子，欣欣终于止住了抽泣。

突然，有一滴眼泪悄悄地流进了她的嘴角，咸咸的、涩涩的。

今天是怎么了，眼泪怎么会这么咸？

这有什么好奇怪的，眼泪本来就是咸的呀！

不过，在欣欣的记忆里，眼泪一直都是甜的。

她记得大冬天里问爸爸要冰激凌吃，爸爸不同意，她就哭起来，最后，冰激凌到手了，挂在眼角的眼泪也流进嘴角，是甜甜的。

在公园玩的时候，天就要下雨了，欣欣却突然想划船，体验雨中划船的感觉。爸爸说太危险了，欣欣却用眼泪来回答，爸爸只好租了带篷子的船，靠在岸边，让欣欣体验雨打船篷的感觉。那时候，眼泪的味道也是甜甜的。

暑假里，欣欣突然想去外地玩，爸爸说自己单位忙，而且天气很热，等寒假再去。欣欣哭得一天没吃饭，爸爸只好赶紧订机票。那时候，虽然肚子空荡荡的，但舔舔嘴角的眼泪，依然是甜甜的……

可是，今天却不一样了，眼泪变成了咸的。

放学后，欣欣得到了一个惊喜——妈妈真的拿着礼物在校门口等她。

"妈妈……"欣欣一下子扑到妈妈的怀里，眼泪再一次不争气地流了下来。

"好了，先把眼泪擦干。"妈妈抚摩着欣欣的头说，"我听老师说，你今天在课堂上哭鼻子了。"

欣欣点点头，突然问妈妈："妈妈，我的眼泪怎么变成咸的了？"

妈妈很奇怪地看着欣欣，突然眼角湿润了，说：

"傻孩子,眼泪本来就是咸的,是妈妈不好,以前总没时间陪你。不过,妈妈答应你,今后一定会多陪你的。我已经向公司提出申请转到地勤工作了,以后再也不飞来飞去了。但你也要答应妈妈,以后不许随便哭鼻子了。"

听妈妈说不再当"空中飞人"了,欣欣的心里乐开了花:"我以后不随便哭了,因为眼泪是咸的,我不喜欢那种味道。"

为你的眼泪负责

一些女生为什么总喜欢哭呢?

其实,女生爱哭与她们体内的激素有很大关系。尤其是处在青春期的女生,体内的一些激素分泌会让她们更容易哭。

但是,女生爱哭可不全是生理的原因。很多情况下,哭是女生用来宣泄自己情绪的一种方式。心理学家告诉我们,人的情绪不论是正面的还是负面的,有入口就一定存在着出口。对女生来说,那些"很小的、微不足道的、鸡毛蒜皮的、根本就不值得生气的事情"就是负面情绪的入口,哭泣则是负面情绪的出口。对于调节情绪来说，哭有着非常大的作用。女生总是很敏感，一些小事就会影响她们的情绪，通过哭泣发泄，这些坏情绪才能消除。

可是，问题的关键不是哭，而是我们如何面对哭。小时候，我们总是会有这样的经历，只要一哭，父母就会满足自己的要求。慢慢地，哭成了一些女生达到目的的手段，时间一长，就变成了一种坏习惯。每次哭的时候，如果父母满足她的要求，她就会破涕为笑，但如果要求不能得到满足，她就会失望，哭得越来越厉害。哭成了一种恶性循环，越是得不到，哭得越厉害。

哭是解决问题的糟糕方式，所以每次哭的时候，我们都要想想自己为什么哭。如果是身体的原因，偶尔哭一下也无大碍；如果是发泄情绪，可以试着找到更好的出口，比如心情不好，那么就问问自己："为什么心情不好？""是哪些状况导致的？""是什么造成了我今天这么糟糕的感觉？"如果这样还不能让自己的情绪稳定下来，可以找好朋友帮忙，看看他们是怎样处理这样的问题的。相信经过努力，我们会找到更好的方法来应对哭泣这个问题。

做到了，你就是最棒的 良好习惯

记住，如果哭的目的是逼迫他人实现自己的愿望，还是趁早打消这个念头，因为长大以后，你就要为自己的眼泪负责了，没有人会愿意永远为你的眼泪埋单。

女生小攻略

控制眼泪的妙招

下面几个妙招对于女生控制眼泪很有效,快来试一试吧!

1."说"字诀:把你的想法说出来

很多时候,你哭是因为对方不理解你、误解你,所以你才会感到特别委屈。可是,很多时候,其实对方并不清楚你的想法。你希望对方来安慰你、理解你,就需要把你的心声传达给对方,对方才会做出相应的回应。所以,不要忙着哭,先沟通一下,让对方知道你的想法。

2. "信"字诀：相信你的控制力

每次哭的时候，你是不是都会觉得很无助呢？没关系，要相信自己，相信自己可以控制情绪、改变情绪，并能够快乐起来；相信自己可以控制自我、改变自我，并保持快乐、乐观。

3. "缓"字诀：缓解心理压力

进入青春期，女生的烦恼会慢慢增多，压力会慢慢增大，因此，要掌握一些缓解心理压力的方法，并不是每次只有哭这一条路可以走。

改变情境法——主动脱离引起挫败感的情境，通过郊游、登山等娱乐活动放松身心，摆脱挫败感。

发泄法——通过倾诉、大喊等方法缓解内心的压力。当你心里积满了负面情绪时，你可以找自己亲近的人来倾诉，同时你还可以用写日记的方法来发泄负面情绪。

转移注意力法——化悲痛为力量，把受挫折的情感转移到有益的活动中去，把消极的情绪导向积极的方面，以保持情绪的稳定和心理的平衡。

迎难而上法——当某方面能力较弱，自卑感较强，而周围环境又让自己有较大的压力时，你可以把这种压力变为一种激发自己前进的动力。一定要鼓起勇气迎着困难上，把前进道路上的困难和障碍看作是磨砺意志、增长才干的财富，而不是把它们当作负担。

自我安慰法——如果遭受到失败和挫折而感到沮丧万分时，有必要自我安慰，寻找几条理由，为自己的遭遇做合理的解释。当然，自我安慰对于缓解一时的沮丧是有效的，但最根本的还是要采取积极的调节措施。人的心理承受能力正是在应对一次次压力中培养起来的。一个具有足够心理承受能力的人，常常是一个经历过种种挫折的勇敢者。

做事要有条理

做事有条理会让女生变美，这种美不仅会体现在女生的外表上，更会作为一种理性的美和思维的美，闪耀在成功女生的内心。

今天我和爸爸出去玩，整个游程分三个部分：

第一部分是坐公交车，我在车上睡着了；

第二部分是爬山，我自己爬到了山顶，没让爸爸抱；

第三部分是坐缆车，我没有害怕。

这是四岁时玉玉给妈妈汇报的她一天的情况。瞧，多有条理呀！

没错，这就是玉玉从小养成的好习惯，做什么事情都非常有条理，思路很清晰，所以，班里的生活委员一直以来都非她莫属。

短发、大眼睛，高出其他女生半个头的身高，连男生在玉玉面前都会感到巨大的不可抗拒的威严，所以，玉玉布置任务的时候从来不用说第二遍。

朋朋就曾领教过玉玉的厉害,直到现在他一看见玉玉走过来,都不敢大声说话呢。

那是半年前,学校要举办全市小学生运动会,运动会举办的前一天,各班都要进行大扫除,除了打扫教室外,还要负责室外的卫生。玉玉他们班负责校门口的卫生,这可是很重要的区域。

朋朋和他所在的小组被玉玉派去捡校门口花坛和草坪里的垃圾。

眼看就要放学了,玉玉去检查卫生的时候,朋朋小组的人竟然一个都不在,卫生也没有打扫。

玉玉回到教室时,朋朋正垂头丧气地在课桌上翻找东西呢!

女生成长 小红书

条理及时
清清楚楚

"你在干什么呢?为什么不去打扫卫生?"玉玉憋着一肚子火,严肃地问。

"哎呀,你就别烦我了,我这儿已经够乱的了。刚才学习委员通知让交数学作业,可我的数学作业本怎么也找不到。"朋朋在忙自己的事情,根本就没抬头。

"我问你为什么没去打扫卫生?"

"卫生?打扫什么卫生?"朋朋这才抬起头吃惊地望着玉玉。

"半个小时前我让你们小组的人去校门口捡垃圾,怎么没一个人去?"

"你说这事啊,瞧我忙的,都忘了。我们组有两个人去操场训练了,明天他们有比赛;还有一个人被抽去画黑板报了;你看,现在又在催我交作业,你还来说卫生的事……"

"朋朋,我告诉你,卫生必须打扫。今天你是比往常忙,但是,再忙也要一件事一件事去做,你这样像无头苍蝇一样,什么事都做不好。你听好了:一,你现在马上把去训练的两个人叫回来,一起去打扫卫生;二,被抽去画黑板报的人必须向我请假,否则我就记他不打扫卫生了;三,你的作业本等打扫完卫生回来再找。瞧你的课桌,都乱成什么样了,哪里还能找到作业本?"

女生成长 小红书

玉玉不怒自威,一连串的"一二三",说得朋朋愣在了原地。

"好,好,我这就去。"等回过神来,朋朋赶紧照着玉玉说的去做了。

好了,再来参观一下玉玉的课桌吧,玉玉的课桌被她分成了三个区。左边是整整齐齐码在一起的课本,每本课本都用了不同颜色的封皮,方便辨认;右边是练习本,练习本封皮的颜色都对应着课本封皮的颜色;中间是文具和笔记本,笔记本上都夹着纸条,每天要干的事情,都清清楚楚地写在上面。

玉玉的作业,每次都是交得最及时的,从来没有落过一次。大家只要有想不起来的作业,都会来问玉玉。

最神奇的是,每次班里有人过生日,都会收到一张班主任签名的贺卡。这贺卡就是玉玉准备的,她记着全班同学的生日。

当然了，玉玉的房间也是非常整洁的。在玉玉的闺房里，你绝对不会发现随地乱扔的脏袜子和堆在床上的脏衣服，不管是洗好的还是需要换洗的衣服，都整齐地叠放在衣柜中，就连书桌上也看不到翻开的书本、作业本和横七竖八摆放着的笔。在玉玉的手里，书本和纸笔就像女王麾下的士兵，整齐划一地在各自的位置待命。

在玉玉家，最幸福的就是她妈妈了，她从来不用嚷嚷着让玉玉收拾房间或者完成作业，所有的事玉玉都会安排得妥妥当当。

不过，为了培养这么一个做事有条理的女儿，玉玉妈妈付出了多少辛苦，也许只有她自己知道。

学会整理对女生很重要

会整理应该是女生的一种能力。闲下来的时候,从整理自己的书包和课桌开始,然后是自己的房间。当然,最重要的是整理自己的思绪,把纷繁芜杂的思绪整理成自己所需要的东西。通过整理,你不仅会获得整洁舒适的生活和学习环境,还会在整理的过程中养成做事有条理的好习惯。

说话、做事有条理,看起来是一件很简单的事情,但事实上,这些简单的事情所流露出的习惯和思维正是通向成功的捷径。

做事有条理、有计划会让你的生活变得井井有条。原本看似不可能完成的任务,只要你有条理地列出计划,找到哪些是重点,是必须优先完成的,然后一步一步去完成,最后就有可能成功。

学会整理对女生很重要,它是培养我们做事有条理的基础。做事有条理会让女生变美,这种美不仅会体现在女生的外表上,更会作为一种理性的美和思维的美,闪耀在成功女生的内心。

女生小攻略

培养做事有条理的习惯

做事有条理不是天生的,需要慢慢培养,下面这些方法会帮到你哦。

1. 把要做的事情写下来

有人能记得每个朋友的生日,不是他有超能力,他不过是将朋友的生日记录了下来。除了大脑记忆以外,我们要靠笔和纸帮助我们记得更为长久。如果你想单纯靠大脑来记忆重要的事情,只会让你的生活变得更为混乱。所以,不要怕麻烦，认真写下一切：作业清单、重要节日、父母交代的事情等。

2. 制订时间表和最后期限

有条理的人不会浪费时间，他们认识到了做事情一定要井井有条。他们为每一天、每一星期都制订了时间表。他们给出了做某件事的最后期限，并设定了目标。最重要的是，他们坚持实践。而没有条理的人，很少会去制订时间表和设定完成任务的最后期限。

3. 不要拖延

拖得越久，你要做的那件事就变得越难。如果你希望生活压力小一些，那就尽快有序安排要做的事情。然后付出努力尽快完成，这样会缓解在将来完成它们时带来的压力。

4. 恰当地安放东西

保持生活的井井有条意味着你把东西放在了合理

的地方，做事有条理的人会恰当地安放东西，并给存储空间贴上标签。把你经常要用的东西放在随手可得的地方，不要弄乱了你的存储空间。要学会创造性地为事物寻找存储空间。此外，不要为存储空间贴上"其他"的标签！

5. 定期整理

每个星期花点时间去整理。条理性很强的人每周一定会抽出一点时间来整理物品。

6. 只保留你需要的、有价值的东西

东西增多便意味着杂乱。做事有条理的人，只保留需要的和真正有价值的东西。东西少了，意味着你能充分地使用自己所拥有的东西，而不是让你所拥有的一半东西落满灰尘。赶紧行动起来，处理掉那些没用的东西吧。

3 得到分享的力量

分享快乐，快乐会变为多份；分担痛苦，痛苦也会减轻。懂得用心分享的人，才能领悟到快乐的真谛，品味出人生的美丽。自私自利的人，对别人吝啬，最终也会遭遇生活的不慷慨。

"彤彤,你今天好漂亮啊!"小雪看彤彤心情不错,赶紧凑过来说。

"我也觉得今天穿的这条裙子很好看。"对于别人的赞美,彤彤向来是照单全收。

"尤其是这个发卡,简直和你的裙子太配了。"其实,从彤彤一进教室,小雪的眼睛就一直没离开过这个发卡。

"这发卡是我爸爸出差带回来的,可是现在最流行的款式呢。"

"我说怎么这么独特呢!"

"其实也不算什么,像这样的发卡我家里一大堆呢。"

"谁说不是呢?彤彤的头饰可是最多、最漂亮的。"小雪赶紧说,"周日要参加娇娇的生日聚会,我衣服都有了,就是没找到一个合适的发卡,你知道,我的那些发卡都不好看,能不能把你的发卡借我戴一下,就戴一天,下周一我就还你,好吗?"

小雪一提到借发卡,就见彤彤的脸色越来越难看,等说到最后,小雪自己都感觉不大可能借到了,所以声音也越来越小。

"小雪,你知道的,发卡这种东西怎么能随便借人呢?何况还是我爸爸特意买给我的,对我来说有特殊的意义,要是弄丢了或者弄坏了可怎么办啊……"

当然,这次失败也是在意料之中,小雪只是看彤彤心情不错,

想再争取一下。

"就没见过这么小气的人。"小雪嘴里嘟囔着，悻悻地离开了。

小雪离开时说的这句话虽然声音很小，但彤彤还是听见了，她却假装没听见。

在六（1）班，有四个比较受关注的女生：小雅，一副不食人间烟火的样子，总是离人远远的；玉玉，是个身材高挑、大眼睛的干练型女生，做事非常有条理；娇娇，胖乎乎的身体，有着动听的娃娃音；最后就是彤彤了，不懂得与人分享，做事十分小气。

彤彤的家庭条件不错，爸爸是做生意的，从小把彤彤当公主养。但不知道怎么回事，虽然彤彤什么都不缺，却是出了名的小气。

周日的下午，娇娇的生日聚会开始了。

娇娇先是给大家展示了一下最近新学的钢琴

曲，一曲刚刚结束，门铃响了。

"谁啊，这个时候才来？"大家都把目光聚集到了门口。

"娇娇，生日快乐！"最后来的人是彤彤。

小雪最先注意到，彤彤戴着没有借给她的发卡，一时间心里就特别别扭。她走到娇娇身边，接过彤彤送的礼物，说道："彤彤送的礼物一定是很特别的，大家快来看看。"

说着，小雪就打开了包装纸。

"呀，是个记事本。"小雪打开记事本说，"我还以为一定是很独特的记事本呢，想看看有什么特别的地方，原来和我前几天在学校门口买的一样啊。"

此时，彤彤的脸火辣辣的。

"其实我挺喜欢这个记事本的，手头正好缺一个呢。送什么都没关系，最重要的是心意嘛。"

　　娇娇拉着彤彤坐下,彤彤心里翻江倒海般的情绪才稍微平静了些,没想到平日里自己最瞧不上的娇娇会替自己解围。

　　就在一个月前,娇娇想借彤彤的一本课外书,彤彤当场就无情地拒绝了,还奚落她说:"你自己买一本多好,为什么要借别人的呢?"

那时候,娇娇的表情和没借到发卡的小雪的表情差不了多少。

生日聚会上,几乎没有人和彤彤说话,好像她根本就不存在似的。

其实,彤彤这么小气,可不是在乎那些东西。她爸爸一直认为"女孩要富养",所以为彤彤花钱从来都不吝啬。但也许是彤彤太过张扬,同学们都不愿意和她一起玩,所以,从小彤彤就很孤单。

彤彤有个小心思,既然同学们不和她做朋友,那她就拿那些精美的东西吸引他们。越是这样,她就越不敢把自己的东西借给别人,怕别人得到东西后便不再理她了。慢慢地,彤彤就变得小气了,就算是自己用不着的东西,也不会轻易借给别人,更不要说送给别人了。

但这一次,彤彤觉得自己应该做出改变了。

"小雪,这个发卡送给你了,正好赶上娇娇的

生日聚会,你可以戴着。"

看着手里的发卡,小雪有些惊讶,她不敢相信面前这个大方的女孩就是彤彤。

"对不起,我不该当着大家的面奚落你。"这回是小雪的脸变红了。

"没关系,我还应该感谢你呢,是你让我意识到自己应该做出改变了。"彤彤笑着说。

从那以后,彤彤像变了一个人似的,从前那个小气的彤彤不见了,她会把自己的好东西拿出来和好朋友分享,在分享中享受快乐。

小气是一道枷锁

也许一些女生会说:"做人小气是我自己的事情,只要自己乐意,别人又能说什么呢?"其实不然,小气非但不会成为"小气鬼"的金钟罩,反而会成为他们身上的枷锁。据说因为小气,有的人还差点送命呢!

三国时期,有个很著名的将领曹洪,他是曹操的堂弟,不但作战勇猛,还曾好几次舍命救过曹操,随曹操南征北战,战功赫赫,所以,曹洪的地位非常高,官至都护大将军。

等到曹操的儿子曹丕称帝后,曹洪先是升为卫将军,很快又升为骠骑将军。

虽然曹丕表面上升了曹洪的官，但私下里却对曹洪怀恨在心。

事情是这样的，当年曹操任司空时，亲自带头将每个月的收入存起来，曹洪存的钱是最多的，连曹操都比不上。但是，曹洪却非常小气。

有一次，还是太子的曹丕找曹洪借钱。曹洪不想借，找了很多借口拒绝，结果惹恼了曹丕。

当上皇帝后，一直怀恨在心的曹丕找了个借口，把这位堂叔关进狱中，准备处死。后来，还是卞太后求情，曹洪才免于一死，但被免掉了所有的官职，辛辛苦苦存起来的钱也被曹丕没收了。

看似不是大毛病的小气，往往会让你在无意中得罪很多人，成为你前进道路上的障碍。而且，最要命的是，小气一旦成为习惯，就很难改掉。要知道，小气不但会影响人际交往，还是一道沉重的枷锁，阻碍我们的成长。

女生小攻略

学会理解与分享

你一定希望成为别人眼中会谦让、懂沟通、够真诚的人吧,那就试试下面的策略,心里想着别人,理解别人,与别人分享自己的喜悦吧。

策略一:掌握家里的分配主导权

通常,小气的毛病是小时候养成的,真的有爸爸妈妈的责任呢。你一定还记得,只要爸爸妈妈买回好吃的东西,你就会异常兴奋,这个时候,爸爸妈妈总会说一句:"这些都是你的,

做到了,你就是最棒的 良好习惯

我们不喜欢吃!"就是这种溺爱,让你觉得所有的东西都应该是自己的。

现在你长大了,和爸爸妈妈协商一下,自己掌握分配主导权,决定东西的分配。这样,你就会想到别人,哪怕刚开始的时候,你会给自己分得多一点。多想想别人的需要,你就会变成一个公平的分配者。

策略二:学会理解别人,帮助别人

告别小气,你需要理解别人,能体会别人的辛苦,发现别人的需求,从而帮助别人。这需要一个过程。

先从孝敬父母做起,在家里不要以为自己什么也不需要做。和父母一起分担家务,全家人一起做事,这样,

你就会发现：爸爸妈妈真的付出很多……只有内心产生触动，你才会主动去理解别人。

还可以多参加情感体验活动，比如主动打扫楼院卫生，体验清洁工人的辛苦；炎热天出去走走，体验交警的劳累……这些体验活动可以让你产生共鸣，从而懂得理解别人，帮助别人，走出小气的牢笼。

策略三：训练分享

一般情况下，你不愿意把自己的东西拿出来，主要是怕丢失或被别人弄坏。应该说，这种心理是正常的，不过你应该尝试着与别人分享东西。你奉献出自己的"好东西"，会收获喜悦，因为送人玫瑰，手有余香。

和挑剔说再见

挑剔会不知不觉地成为一些人生活中的一种习惯，他们总觉得别人永远没有自己做得好，对生活中的很多事情都不满意。过分挑剔会严重影响我们的生活。

"挑剔的人眼里柴渣多,你以后肯定会看什么都不顺眼,进而影响自己的心情和生活。"外婆生前常这样说瑶瑶。

外婆的话没错,在瑶瑶的眼里,大家都很笨。

"我说过不要薄荷味的牙膏,怎么又是薄荷味的呀?"

"土豆丝里为什么没放孜然啊?都说过多少遍了,这样做真难吃!"

"拜托,下回洗牛仔裤的时候能不能翻过来洗啊,水钻都掉没了……"

总之,在瑶瑶的眼里,妈妈总是那么笨,做的事没有一件是合自己心意的。

但是,瑶瑶没想到,整天默默无闻为家里操劳的妈妈,有一天会突然倒下。在瑶瑶的记忆中,几乎连感冒都很少得的妈妈，竟然查出患了软骨瘤，需要住院做手术。

爸爸一边上班，一边还要在医院陪护妈妈，瑶瑶只好暂住在小姨家，由小姨照顾她的生活。

小姨在医院上班，每天都很忙，有时候饭碗还没放下，一个电话就让她跑出家门了。

到了小姨家，瑶瑶才发现，原来妈妈做的饭是那么可口，妈妈为她准备的一切都是那么令人舒心。

当然，小姨不会像妈妈那样宠着自己，每次上夜班临出门前，总要交代瑶瑶把餐具洗了。

瑶瑶在家可从没洗过餐具，她洗盘子的时候，手滑了一下，结果一个

好好的盘子被摔成了两半。

这是什么破盘子嘛！瑶瑶随手就把碎片扔到了垃圾桶里。

小姨下班回家后，发现了垃圾桶里的碎盘子，立即把刚刚睡着的瑶瑶喊了起来："这盘子是怎么碎的？叫你洗个餐具，你居然还报销了我的一个盘子。"

"不就是一个盘子嘛，至于吗？人家明天还要赶早操呢！"瑶瑶揉着眼睛说。

"一个盘子？你知道吗，这是小姨结婚的时候朋友特地从江西带回来的骨瓷的盘子！看来你妈妈真的把你惯坏了，你瞧瞧，你洗餐具的时候，抹布也没有洗干净，一股味……"

瑶瑶的头嗡一下大了，在家的时候，从来都是自己挑剔别人，可没有这样被人挑剔过。

拉过被子，瑶瑶把头蒙起来——哭了。

哭过之后,瑶瑶突然想到,也许自己以前对妈妈真的太过分了。

妈妈住院了,是自己报答妈妈的时候了。

周六的上午,瑶瑶一起床就忙着给妈妈熬粥。可是,她从来都是看妈妈熬,自己却没有动过手。不一会儿,粥溢出来了,瑶瑶手忙脚乱,不知道应该是先关火还是先端锅。折腾了一早上,她总算熬好了粥,兴冲冲地赶去医院。

"妈妈,您好些了吗?"

看见瑶瑶,妈妈马上有了精神,说:"好多了,你怎么没在家做作业,跑到这里来干什么?你不是最讨厌医院的味道了吗?"

"没事,我给您带粥来了。"瑶瑶说。

"你小姨不是上早班吗,怎么有时间熬粥?"

女生成长 小红书

"是我自己熬的。"

妈妈惊讶地看着瑶瑶,然后开心地笑了。

"好喝吗?"瑶瑶关切地问。

"嗯,好喝。"一碗粥妈妈很快就喝完了。

回家的路上,瑶瑶感到很幸福,那种感觉是以前从未有过的。

瑶瑶举起保温壶，闻了闻自己亲手熬的粥。

啊，怎么会有一股煳味？早上走得急，她根本没顾上尝一下。

瑶瑶赶紧尝了一口剩下的粥，呀，好苦啊！

原来妈妈竟然喝掉了自己熬的一碗煳了的粥。

瑶瑶开始后悔了，以前吃早饭的时候，她总嫌妈妈熬的粥不是太稠就是太稀，没想到自己熬的竟然是苦的。

虽然还是初秋，但风已经很冷了，像刀子一样割着瑶瑶的脸。

瑶瑶走在这样的秋风里，忽然做了个决定：从明天开始，和挑剔说再见！

过分挑剔是一种低级的错误

很多人在生活中逐渐养成了挑剔的习惯,总觉得别人永远没有自己做得好,对生活中的很多事情都不满意。过分挑剔有时会严重影响我们的生活。

爱挑毛病的人不一定都有很强的能力,有的人是被一种狭隘的心理所控制,与人接触总是以自我为中心,缺少理解和包容,在一些无关紧要的事情上总想争上风。有时候别人一句无心的话,都有可能被他记恨于心。

生活中每个人都有自己的主见,没有人总会依照别人的想法去做事,这就需要对他人的理解和宽容,尽量减少对他人的挑剔。过分挑剔的人容易犯一个低级的错误,就是认为自己做什么都是对的,而别人做什么都是错的,这种低级的错误,会把自己逼向另一个极端。

挑剔在很大程度上只是没有达到自己的意愿而发的牢骚,会在彼此的心里产生不愉快的隔阂。挑剔给他人造成的是一种压力,而真正能改变一切的是理解。

每个人都有优点和不足,不要拿自己的长处对比他人的短处来抬高自己,那样不但不会抬高自己,还有损自己的形象。做人不要盯着他人的弱点不放,而要在他人身上找到亮点,来对照自己的不足,这样才能进一步完善自己。

不要以为自己不满意就能想说什么就说什么,很多时候人的自尊就是被这种口无遮拦的言语所伤害的。与人交流要顾及他人的感受,不要过分挑剔,不要觉得说出来了,自己痛快了就完事了。记住:一定不要把自己的快乐建立在他人的痛苦之上。

女生小攻略

挑剔女生变身法

谁都不想做挑剔的女生，下面的几个方法可以让你告别挑剔，完美变身。

1. 坚持写感恩日记

准备一个日记本用来写感恩日记。

每天花十五分钟列出一天当中所有积极的事情。一开始，你可能想不出任何积极的事情来写，愁眉不展地说："今天什么好事也没发生。"这时，你就需要关注很多细节，比如阳光灿烂，微风习习，特别的甜点，作业完成得很好，好朋友来电话了，在路上听到了一首好听的歌，午餐时和好朋友坐在一起，等等。

一旦你开始寻找值得感恩的事情，看世界的方式就会渐渐发生改变。

2. 给家庭成员送礼物

把握住给家庭成员送礼物的机会。礼物不必是精致或昂贵的，但一定要自己亲手来选或制作。自制的礼物常常是最好的，礼物本身不重要，礼物所包含的情感才是最重要的。

3. 学会幽默

你身边的人多数会喜欢幽默。可以到书店或图书馆找一些笑话和幽默故事来读，然后试着讲给别人听。学会讲一些笑话并培养幽默感，是与人积极相处的好方法。

4. 不要"一棍子打死"

设身处地地换位思考,站在别人的角度想一想。不要动不动就"一棍子打死",不合自己心意的话一句也听不进去。

过度模仿的闹剧

一味简单地模仿别人的穿着打扮，模仿别人的说话语气，甚至模仿别人的生活习惯，时间长了，你就失去了真正的自己。

女生成长 小红书

"今天天气真好!"

"今天天气真好!"

"你的数学作业写完了吗?"

"你的数学作业写完了吗?"

"干吗学我?"

"干吗学我?"

"怎么还学呀?"

"怎么还学呀?"

"你知不知道,这样学人说话是不好的行为。"露露终于忍不住了,一把捂住了林琅的嘴。

"好了,好了,我不学了还不成吗?"听林琅支支吾吾地说出这几个字,露露才松开了手。

"听说世上有一种很奇怪的应声虫,你说什么它就说什么,就像你这样。"露露好像真的感觉应声虫就在身边。

"我才不是什么'应声虫'呢。"林琅扭过头,翻开英语课本读起了单词。

虽然林琅不是真的"应声虫",但是她确实很喜欢模仿别人。

只要有人换了最新的发型,或者穿上最新款的鞋子,不出三天,你一定能在林琅身上找到"复制品"。

不过,在林琅看来,这可不是模仿,而是紧跟潮流。

有一段时间,突然流行起摇摇鞋来,就是那种像小船一样的球鞋,穿上后站在原地可以前后摇摆。

当时,有一个女生穿着摇摇鞋在操场上背单词,脚就这样一前一后地摇着。抱着作业本的林琅和露露恰好路过操场,林琅竟看傻了,待在原地一动不动。

女生成长 小红书

优雅
应声虫
哭笑不得

当天晚上,林琅就拉着妈妈去买了双摇摇鞋。之后,林琅便穿着摇摇鞋,在学校里炫耀起来。

为了引领各种潮流,林琅会把大量的时间花在搜寻最新奇的玩意上,用T恤衫改造的裙子、挂在书包上的小白熊……所有新奇的东西,林琅都会以最快的速度复制到自己身上。

不仅如此,就连作业,她也会照着露露的样子,打包复制。但是,很快林琅就为自己的模仿行为付出了惨痛的代价。

学校新来的美术老师迅速成为时尚的焦点。美术老师姓杨,她苗条的腰身引来全校女生的羡慕,还有她招牌式的挽头发的动作,更是优雅迷人。

杨老师的头发总是那么顺,她挽头发的手势确实很优雅,和很多人都不一样,非常独特。

自然，杨老师的一举一动，都刻在了林琅的脑子里。

回家以后，林琅对着镜子试了很久，还是没有找到杨老师挽头发的感觉。

星期五放学前，林琅帮露露给老师送作业本，正好经过杨老师的办公室。大白天的，杨老师居然开着灯，拉着窗帘，一种神秘感悄悄地透了出来。

走过杨老师办公室窗前的时候，林琅不自觉地向里面看了一下，正巧，窗帘没有拉严实，留着一条缝。

这一看，林琅吃了一惊，只见杨老师慢慢地将头发

取下来,放到一个模特头上,然后仔细地打理着。再看杨老师的脑袋,竟然光秃秃的,没有一根头发。

  眼前的景象让林琅无法相信。不过,回过头一想,林琅马上明白了,杨老师挽头发的姿势之所以和大家不一样,是因为她每次挽完头发,都要下意识地按压一下,检查假发是不是戴好了。还有,杨老师令人羡慕的头发根本就是假发,所以才会看起来特别顺,特别有光泽。

  林琅毫不犹豫地认为这就是时下最流行的发型了,她一定要模仿起来。但是,要把头发剃光,终究是件为难的事情。思考了一夜,周六的时候,林琅还是做出了大胆的决定。

  她把自己积攒了半年的零花钱,加上过年收到的压岁钱全拿了出来,买了一顶假发,又找了一家理发店,剃了一个光头。

  当林琅再次出现在大家面前的时候,她已经变了一个模样。当然，最令人惊奇的是她挽头发的姿势竟然真的有杨老师的三分风采。

得意就会忘形，这一点林琅疏忽了。

体育课上，老师在教健美操，林琅一甩头，假发一下子就飞了出去，留下光秃秃的头顶。

全班同学顿时笑得前仰后合。

林琅很快成了全校的"名人"，在班主任的追

问下,她终于把原委说了出来。

班主任听完后哭笑不得,她告诉林琅,杨老师是得了斑秃,头发掉了好几处,不得已才戴的假发。

林琅立即傻在原地,这都是模仿惹的祸。

还好,头发终究会长出来,但是,千万不能让过度模仿的芽再次从心底生长出来。

过度模仿只会失掉自我

相传燕国寿陵有一位少年,不愁吃不愁穿,论长相也算得上中等,可他就是缺乏自信心,经常无缘无故地感到事事不如人,低人一等——衣服是人家的好,饭菜是人家的香,就连站相、坐相也是人家的高雅。他见什么学什么,学一样丢一样,虽然花样不断翻新,却始终做不好一件事。

家里人劝他改一改这个坏毛病,他却认为家里人管得太多。亲戚、邻居们说他这样做是狗熊掰棒子,他也听不进去。日子久了,他竟怀疑起自己走路的姿势,越看越觉得自己走路的姿势太笨、太丑了。

有一天,他在路上碰到几个说说笑笑的人,只听得一人说邯郸人走路的姿势很美。他急忙走上前去，想打听清楚。不料，那几个人看见他，一阵大笑之后便扬长而去。

邯郸人走路的姿势究竟怎样美呢？他怎么也想象不出来，这成了他的心病。终于有一天，他瞒着家人，跑到遥远的邯郸学走路去了。

一到邯郸，他感到处处新鲜，周围的一切简直令他眼花缭乱。看到小孩走路，他觉得活泼，学；看到老人走路，他觉得稳重，学；看到妇女走路，他觉得摇摆多姿，学。就这样，不过半月光景，他非但没有学会邯郸人走路的姿势，就连自己的走路方式也不会了，只好爬着回去了。

可见，过度模仿别人，不但学不到别人的长处，反而会把自己的优点和本领也丢掉。

一个人从出生到长大，很多本领是在模仿中学会的，比如走路、说话、吃饭、穿衣服等，但是，当你学会了这些基本的生活本领后，还在一味简单地模仿，模仿别人的穿着打扮，模仿别人的说话语气，甚至模仿别人的生活习惯，时间长了，你就失去了真正的自己。

女生小攻略

模仿别人最容易养成的坏习惯

有些坏习惯很容易养成,尤其是在父母、老师和同学言行举止的影响下。

1. 没有计划,花钱大手大脚

父母在孩子身上总是很大方,这让很多女生变得奢侈、不懂回报和付出、没有良好的理财意识等。

2. 没有礼貌

你有没有发现,脏话总是很容易被记住,即使对方只说过一遍。很多没有礼貌的言行,会不知不觉地

影响你，让你成为一个没有礼貌的人。而无论是在人际交往中，还是在日常生活中，没有礼貌都将成为你的绊脚石。

3. 看过多的成人电视剧和娱乐节目

很多成人电视节目其实并不适合你观看，容易让你产生错误的认知，而且长时间看电视对视力非常有害。在你还没有完全成年之前，应该看的电视节目一定是适合你的成长阶段的、内容健康的，而且最好严格控制时间。

4. 拿别人和自己做比较

你是不是总喜欢拿别人和自己做比较？这样会让你总是把注意力放在别人身上，自己很容易受到外界影响，变得没有信心、自卑。

5. 玩电脑或手机游戏

看到父母在玩电脑或者手机游戏,你是不是也会凑上去呢?很多成人玩的游戏对你的生长发育并不利,强烈的视觉和听觉刺激会伤害到你。另外,因为青少年的自控力差,过早接触这样的游戏并不是一件好事。

6. 说谎

说谎是最容易被模仿的习惯之一。珍惜你的信用,承诺的事情一定要做到。无论有没有其他人在场,都争取做一个有诚信的人。

7. 做事拖拉,没有时间观念

拖拖拉拉,一点时间观念都没有,这样的习惯很容易被"传染"到你身上,让你也变得没有时间观念。对不守时、迟到之类的不良行为没有正确的认识,你就很容易染上类似的陋习。

8. 不遵守交通规则

看看左右无人、无车，就随意乱闯红灯，这样的行为你一定见过不少。对这种行为的模仿不但会让你不重视交通规则，还会让你产生侥幸心理。没有安全意识和自我保护意识，很容易遇到危险。

9. 不爱运动

和一群不爱运动的人在一起，你自然就会变懒。时间长了，你会因为缺乏运动而导致发育滞后。

6 即刻行动

长时间维持拖延的状态,会让你在不知不觉中堆积很多任务,疲于应对,最终忘记通往目标的路。所以请自觉行动起来,停止这种浪费时间的行为吧,谨防陷入拖延怪圈。

小南和小西虽然是堂姐妹,但性格却完全不一样。小南做起事来雷厉风行,绝不会让一件事一直拖着,而小西却恰恰相反,每件事总是要等到最后一刻才去做。

两人都住在爷爷奶奶家,每次上学也是一起出门,那情景是非常有趣的。

你瞧,小南早早地起床,从容地洗脸刷牙,然后坐下来和爷爷奶奶一起吃早饭,书包前一天晚上就收拾好了,随时可以出发;

再看看小西，小南已经开始吃早饭了，她才从卧室里冲出来，胡乱地洗一下脸，嘴里叼一片面包，就开始翻腾着收拾书包了。即使是这样，很多次走到大门口的时候，她才发现今天要带的书没带全。

接下来，再看看两个女生搭公交车的表现吧。

小南的乘车卡在出门的时候就已经握在手里了，她气定神闲地等着公交车；而小西却是东张西望，看街上有没有什么特别的事情发生，等到公交车来到面前，才发现乘车卡找不到了，于是站在车门口东找西找的，连司机都不耐烦了。

"小西，你就不能提前把乘车卡准备好吗？为什么每次都要到最后时刻才动手找呀？"小南都不知道劝过她多少回了。

"没那个必要吧。"小西不以为然地说。

因为拖拖拉拉的习惯，小西可没少被妈妈教育。

小时候，妈妈喊小西去睡觉，小西嘴上答应着，

可就是不动,埋头继续玩她的娃娃。

妈妈说:"小西,不能再玩了,快去睡觉。"

"知道了。"小西答应着,还是不见有任何行动。

到最后,她总是会在大晚上被妈妈说哭。

但即使是这样,小西也一直没有改掉拖拉的坏习惯。

最近,班里要举行一次动植物标本展览,老师要大家每人准备一个动物或植物的标本。

小南早早地就开始准备了,每天放学后她都会去花园里观察动植物,选择可以做标本的材料。

小西却完全不在乎,每天沉浸在课外书里。

时间一天天地过去了,标本展览马上就要开始了。

"小西,你的标本准备好了吗?"小南看小西还在看课外书,就来提醒她。

"什么标本啊?"小西一副茫然不知的样子。

"唉,班里明天要举行标本展览,你不会忘了吧?"看小西什么都没准备,小南替她着急。

"你说这个呀,没事,等我把这本书看完后再去弄。"小西继续埋头看起课外书来。

等到临睡觉时,小南都躺到床上了,小西突然跳起来说:"我的标本没准备,怎么办?明天就要举行展览,要准备什么呢?"

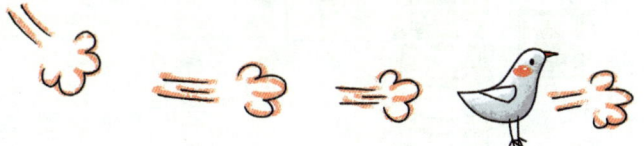

"我早就提醒过你,你就是不听,看你明天拿不出东西怎么办。"

"对了,我有办法了。"

小西神秘地一笑,就在家里张罗起来了。第二天,标本展览开始了,大家都拿出了自己精心准备的标本,有梧桐树叶、玫瑰花瓣、蝴蝶、蜻蜓……

到小西了,她拿出的标本几乎是一张白纸。

"你的标本在哪里啊?"老师和同学们都很好奇。

"在这儿啊,你们仔细看。"小西指着白纸的中间说。

"啊,看到了,是一只蚊子吧。"终于有眼尖的同学发现了。

"蚊子,哈哈,小西,你准备的标本就是这个呀!"

"没错,蚊子也算动物呀。"小西得意地说。

好吧,这次算小西涉险过关,不过,接下来的事就麻烦了,老师要求大家仔细观察自己制作的标本,并写出一篇描述标本的作文来。

这下小西可慌了,她的蚊子标本,观察起来都费劲,更别说对它进行描述了。

大家的作文都快完成了,可小西还没有数清楚蚊子有几条腿呢,因为,在昨天晚上捉蚊子的时候,她不知道打断了蚊子的几条腿。

完美的退却,不如简单的出击

再完美的退却,都不如一次简单的出击。

拖延会使你陷入烦躁的情绪之中。一件事久办未完,在心里沉甸甸地压着,就像脖子上挂着一块石头,又好像陷入了不可自拔的泥坑,这怎么能不使你焦虑和烦躁呢?

拖延使你要处理的事情越积越多。每天对着桌面上堆积如山的作业，却不知从何下手，往往是做了这件忘了那件，一件不成另一件又半途而废，费时费力，结果是事情越来越多。

拖延使你一再地遭受心理挫折。它会使你越来越没有信心，开始怀疑自己的能力，或者迁怒于所处的环境，产生怨气，抱怨自己的才能得不到发挥，或者挑剔总是有这样那样的事情来阻碍你。

也许你也认识到了拖延是一种陋习，但为了躲避痛苦、逃避困难，你宁愿背着沉重的心理负担继续选择拖延。实际上，一味地退缩只能"拖来拖去拖成愁"。克服拖延有一个有效的办法，那就是利用"最后通牒效应"去要求自己，勇敢面对它，立即行动起来，越早行动就越能更好地完成任务。

要想克服拖延症，还必须学会分割任务。具体来说，就是认真思考我们究竟该怎样做。星期一是一周学习的开始，不妨抽出几分钟的时间来制订一个具体而详细的学习计划，然后约束自己在规定的时间内完成学习任务。

总之,成功不是在等待中到来的,而是在行动中光临的。你需要坚持养成一种习惯:任何一件事情都必须在规定好的几分钟、一天或者一个星期内完成,做每一件事情都必须有一个期限。如果你能坚持这么做,就能克服拖延。

女生小攻略

告别拖延的方法

有很多方法可以帮助女生告别拖延,养成良好的习惯。让我们一起来看看吧!

1. 荧光笔记事法

针对由动力缺失所导致的拖延,最好的告别方法就是给自己勇气。如果一再纵容自己,由着时间流逝,事情只会越积越多。

你可以买一个记事本,将每天必须完成的事情记录下来,较为重要的事情用黄色荧光笔涂上色,若是完成了则用绿色荧光笔涂色。已经完成的事情会给你

再接再厉的勇气,让接下来的任务不再那么艰难。

2. 分解法

很多时候,拖延是因为遇到了很难完成的任务。

你可以先将这些困难的任务划分成若干份,再一份一份地去做,这样,本来很困难的任务就会变得简单许多。

3. 即刻行动法

每个人都会有很多梦想,当我们决定要实现的时候,一定要排除一切干扰和诱惑马上行动,否则,再美好的梦想也仅仅是幻想而已,到头来只会有说不出的遗憾。

告别拖延的最好办法就是即刻行动,当你发觉自己想拖延做某件事情的时候,你应该马上告诫自己:"我是一个追求卓越的人,我必须现在开始行动!"

7 说好不迟到

成功的人成功的原因大致相似，失败的人失败的原因却各有不同。如果不守时，你永远会认为时间还早，永远会觉得有意义的事情明天再做也不迟。从今天起，让守时成为你的习惯，做个有时间观念的人吧。

"今天我们去看电影,下午三点钟,票我买好了,你都拿着,一定要准时,不许迟到哦!"

"没问题,放心吧。"

新上映的一部3D版的电影,是美祺和夏言盼了好久的。

不过,美祺最担心的就是夏言不能准时到场了,要知道,每次和夏言约好了见面,美祺总要等上半个小时以上。所以,美祺也总结出经验了,再和夏言约好见面的时间后,就迟半个小时出门,但即使是这样,她还是每次都先到。

可是,电影开场的时间是固定的,可不会因为夏言的迟到而推迟放映。尽管夏言主动要求保管电影票,并很自信地说不会迟到,但美祺还是有些担心。

两点钟刚过，美祺就来到了电影院，她买了爆米花和饮料，在大厅里边吃边等。

眼看电影院里的人越来越多，美祺一直盯着电梯门，可是始终不见夏言的身影。

这家伙，就不能早到一次吗？

美祺赶紧给夏言打电话，再有十五分钟电影就要开场了，检票员都准备检票了。

手机铃声焦急地响着，可就是一直没有人接听。

怎么回事？夏言怎么连电话也不接了？

美祺的心里像着了火一样，细密的汗珠都从头上渗出来了。她干脆走出电影院，朝夏言来的方向张望。

早知道这样，就不应该让她保管电影票，八十元一张的电影票，美祺可是求了爸爸好几天才到手的。

回到电影院里，眼看着大家都进了放映厅，原

本熙熙攘攘的大厅里现在只剩下美祺一个人,可还是不见夏言的踪影。

美祺都打过六遍电话了,依然没人接。

又过了一会儿,夏言终于回电话了,美祺赶紧接起来。

"美祺,实在对不起啊,我睡过头了,醒来才发现你给我打了好几个电话,我这就打车过去,你再等我一会儿,马上就到。"

等，又是个等字，多么残酷的一个等字啊！

"绝交"，这是那一刻美祺唯一想到的词。

盼了半年的电影只看了半场，美祺心里什么滋味只有她自己知道，她决定以后不会再多等夏言一分钟了。

不过，最惨痛的经历还在后面呢。迟到在夏言身上已经留下了好多疤痕，都是因为不守时造成的。

为了奖励夏言通过大提琴八级考试，妈妈给她报了一个为期十五天的香港英语冬令营。

在北方寒风刺骨的季节里，去到一个春暖花开的地方游学，真是令人向往。

夏言早早地就开始准备了，锻炼

身体、练习英语口语、收拾行李。

一切都准备就绪,就等出发了。

出发的那天,是爸爸开车送夏言去的火车站。因为夏言所在的城市没有直飞香港的航班,夏言需要先坐火车去北京,然后由领队统一带队坐飞机去香港。爸爸带着夏言早早就到了,离火车进站还有半个小时呢!

这次我一定是最守时的了,夏言得意地想。

可是,没过一会儿,火车站的广播就通知,受暴雨的影响,夏言乘坐的那趟火车预计会晚点两个小时,请大家在原地等候。

这次我守时了,火车却不守时了,夏言很无奈。

"爸爸,要不咱们出去逛逛吧?"夏言提议道。

"那咱们快去快回,两个小时很快的。"

"好的,我知道了。"

夏言和爸爸在火车站外的一家商场逛了逛,突然夏言感觉饿了,他们又找了家快餐店,可是快餐店里人很多,点餐还要排队。爸爸建议先进站上了火车再吃,但夏言却不以为然,说:"时间还早呢,能来得及。"

时间过得很快,等夏言吃完,一看表,已经过了一个半小时了。

夏言和爸爸匆匆忙忙地赶回去,却被检票员告知火车已经开走了。

"什么,火车开走了?"一听这话,夏言立即傻眼了。

夏言的"冬令营梦"就这样被自己断送了。

"就当给自己一个教训吧,从今天开始,一定要记住'守时'这两个字,给你一年的时间,这一年中,你要是能保证每次都守时,明年你还有机会

去香港。"爸爸提醒道。

夏言郑重其事地点点头,因为她不想身上再多一道因为不守时而造成的疤痕了。

让文明守时成为习惯

遵守时间并重视时间观念的人，一向为人所尊敬。这不仅是对时间的遵守，更是对他人的一种尊重。作为一名学生，在校期间应该遵守的基本守则就是"不迟到、不早退"。

让文明守时成为习惯，就要加强时间观念。在当今社会，时间变得更加宝贵，珍惜时间是现代文明的必然要求。我们都知道"一寸光阴一寸金"的含义，如果不守时，肆意浪费他人的时间，无异于谋财害命。因此，加强时间观念，守时守纪，让时间价值得到有效利用和充分发挥，是珍惜生命最直观的方式。

让文明守时成为习惯,就要提高自身素养。一座城市,多数人守时能够体现出这座城市的良好精神风貌和文明程度。学生上学、放学文明守时,公众场合聚会文明守时……当这些细节被当作一种习惯,整个城市必然会出现一派从容有序的文明景象。

让文明守时成为习惯,就要营造诚信氛围。人无信则不立,文明守时相当于一个人重视诺言、遵守诚信。随意迟到、早退的人,只能反映出个人纪律散漫,若以各种借口来掩饰自己迟到或早退的事实,就是不诚信的表现。

做到了,你就是最棒的 良好习惯

无论你以前是怎么生活的,怎么对待时间的,请记住,守时对一个人是特别重要的。

从现在起,就建立你的"活动时间表"吧。

几点钟起床,几点钟完成作业,几点钟洗漱,几点钟上床睡觉。刚开始执行时,让爸爸妈妈帮你提个醒。时间长了,你就可以自己把握时间。慢慢地,你的生物钟就形成了。

女生小攻略

做守时的女生

守时的女生更容易得到别人的尊重,下面这些方法能帮助你成为一个守时的女生。

1. 妥善安排时间

对自己的时间进行妥善计划,有一份切实可行的日程安排表,做到心中有数,就能更好地把握时间。

在日程安排中要记得预留迟到缓冲的时间,以防特

做到了，你就是最棒的 良好习惯

殊情况的发生。

2. 不要让别人等你

如果因为经常迟到让人等，那你可要好好反省一下。迟到是一种很不礼貌的行为，时间对于每个人来说都是公平的，浪费别人的时间就等于谋财害命。

认真留意一下你迟到时的内心感受。你恐慌吗？你内疚吗？如果是，你还有改变的机会；如果你一点也不在乎，你很可能已经把这种行为当作了一种特权。

3. 停止逃避

有些时候迟到是想要逃避一些事情。比如今天上课前要检查作业，因为作业没有完成，有的人会故意迟到，等老师检查完作业再进教室。如果真的觉得无法完成一项任务，积极的应对办法是努力提高自己的技能，树立自信心，而非消极逃避。

如果迟到是为了躲避某个人，因为你不喜欢他的处事方式，那就心平气和地与他谈一谈，坚定诚恳地说出自己的想法。

4. 换位思考

很多时候，我们并不知道自己的行为对别人的影响有多大，因而不以为意。不妨和你的同学谈谈自己迟到对他们的影响，站在一个更全面的角度去看待迟到问题，也许你会更有动力去改变自己。

换位思考，看看迟到对自己和他人的影响。把自己放在对方的位置上，当你在被迫等待时，会有什么感受？无奈，还是愤怒？也许你会因此懂得尊重他人和守时的重要性。

5. 身体原因不是借口

如果你以前从来不迟到,但最近总是学习到很晚,早上感觉非常疲惫,压力大,因此开始迟到,千万别大意,要根据自己的情况及时调整。

重新安排自己的学习计划,早点休息,多喝水。要知道睡眠不足和缺水都会引起疲惫和情绪低落。

8 摘掉娇气的帽子

磨炼自己是打败娇气的最好武器，要改掉娇气的毛病，最好让自己走进陌生的环境，给自己创造一些磨炼的机会，然后勇敢地去面对。

女生成长 小红书

"洋洋,快过来帮我挂一下窗帘。"

洋洋一抬头,吓了一跳,阿芳不知道什么时候已经爬到窗台上去了,要知道,这可是十一楼呢。

"呀,你快下来,太危险了。"洋洋惊讶道。

"哎呀,这算什么,你赶紧把窗帘递给我,就在窗边的桌子上呢。"阿芳一点也不害怕。

"好吧,你一定要小心哦。"洋洋说着,向窗边走去,"这窗帘怎么这么沉呀,平时看着风一吹就飘起来了,没想到却这么沉。"

"我的大小姐,你连个窗帘都抱不动,未免也太娇气了吧。"

阿芳说得没错,洋洋确实是个娇气的女孩,别说干挂窗帘这样高难度的活,就是平时擦个桌子,也是用两根手指轻轻拎着抹布,非常小心地擦,生

怕有脏东西沾到自己手上。阿芳和洋洋是同桌,受不了她的娇气样,总会一把抢过抹布,两三下就把桌子擦干净了。

说来也有意思,"手拉手"活动的名单上偏偏就有洋洋的名字。

什么是"手拉手"活动呢?这是市里组织的一项活动,每年秋季各学校都要选出一些老师和学生,到山区学校去和那里的孩子一起学习、生活两周,旨在让市里和山区的学生互相帮助,共同进步。

洋洋和阿芳分在了一组,下周一就出发。

周一早晨,天空飘着细雨,眼看大家都到齐了,就是不见洋洋。阿芳背着一个双肩包,站在车的旁边四处张望。

终于,一辆小轿车开了过来,车门打开后,先下来一位中年妇女,撑开伞,接着,洋洋才从车里钻出来,和妈妈一起挽着手向阿芳走来。

洋洋的爸爸从后备厢里拿出一个大大的行李箱,还有一个手提包,从后面赶了上来。

"不就去两周吗,你怎么带了这么多东西?"

"你不知道,山区学校的条件可艰苦了,睡不舒服,吃的也不可口,我带了毯子、床单,还有很多好吃的东西,够咱俩吃上一阵子的,要是不够,就让我爸爸给咱们送。"

阿芳无奈地摇摇头,说:"先上车吧,大家都在等你呢。"

到了目的地,刚一停车,洋洋就第一个冲出了车门。

"不会吧,不就是来山区嘛,至于这么激动吗?"

洋洋也不搭话,蹲

在路边就干呕起来。

"你不会是晕车了吧?怎么样,要不要喝点水?"

洋洋咳嗽了几声,半天才说:"什么破路嘛,把人都颠晕了。"

"这才刚刚开始,我看啊,这次活动就是专门给你治疗'娇气病'的。"阿芳看洋洋没什么大碍,便打趣道。

果然不出所料,一进宿舍门,洋洋就大叫起来:"这是什么地方呀,怎么能住人呢?你瞧这天花板,都在掉皮呢;还有窗户,都漏风呢;床,这也能叫床?就是一块木板;哎呀,好脏的椅子,连个坐的地方都没有……"

"好了,这里不是宾馆,别人都能住,就你不能住吗?"阿芳边说边收拾起铺盖来。

晚饭时,学校准备了面条,洋洋一看那黑乎乎的汤就没了食欲,悄悄吃了两口自己带的面包,没

吃面条。

第二天一早,洋洋的眼睛红红的,边抹眼泪边说:"这是什么地方呀,床硬得把骨头硌得生疼,最可气的是该死的蚊子,你瞧,我的身上都被叮成什么样了。"

糟糕的事还在后面。晚上,突然下起了大暴雨,持续了一夜的暴雨冲断了通往学校的唯一道路,学校里的一百多名老师和学生都被困住了,连喝的水都供应不上。

大家贡献出随身带着的所有零食,当然,洋洋的一大箱"宝贝"也全都贡献了出来,但还是仅仅维持了一天。

最要命的是没有

干净的水喝,老师们准备了水桶和盆子,在屋檐下接雨水。

"这样的水怎么喝呀!"洋洋一看就发愁了。

第四天上午,路还是没有抢通,洋洋只好咬牙喝下了雨水。

到了第五天,雨水成了全校人维系生命的唯一

希望。

有位老师在床底下找到两大袋土豆,大家每人分到了两个烤土豆。

这对于大家来说已经是盛宴了,洋洋再也顾不了那么多了,连皮都吃进了肚子里。这是她有生以来吃过的最美味的东西了。

第六天,救援的车队开进了学校,大家终于有了食物和干净的水,一切才恢复了正常。

奇怪的是,从那天起,洋洋竟然不挑食了,和大家一起吃饭吃得非常香。

这是洋洋一生都无法忘记的经历,也是改变她人生的经历。

磨炼自己是打败娇气的武器

曾经,每当中国女排赢球的时候,我们都能从电视里看到站在女排姑娘身后冷静自信的教练郎平。也许郎平的名字你有些陌生,但你的爸爸妈妈一定对她非常熟悉。在20世纪80年代,郎平和中国女排曾经是一代中国人的榜样。

郎平的性格中,既有生长在北方的父亲的那种豪爽和奔放,又有来自南方的母亲的那种恬静和细腻。这种性格使小时候的她"动"起来像个男孩一样勇敢顽强,"静"下来又能比一般的女孩更为文静。有一回,几个男孩要和她比赛爬树,看谁爬得高。别的女孩听了都咋舌,可她却不

服气地抬头看了看树的高度，然后毫不犹豫地爬了上去，令伙伴们都佩服不已。

小学六年级的时候，经过严格的测试和选拔，她入选了排球班。排球班的训练从 6 月份开始，一直持续到骄阳似火的 8 月份。当初很多与郎平一起参加训练的同学都偃旗息鼓不练了，郎平却一直坚持着枯燥、乏味的训练，最终成为北京工人体育馆少年体校排球班的一名正式队员。

比起一般的女孩，郎平的身上没有一点娇气。有时练接球练得两臂红肿，但她仍咬牙坚持。无论训练怎样艰苦，她从无怨言。凭借那股韧劲，经过多年的努力，郎平终于成为世界女排"三大主攻手"之一。

青春时代的郎平身上所展现出的意志力，值得我们学习。

自我检查一下，你是不是有娇气的毛病呢？

生活上太娇气，合口味的饭菜就多吃，不合口味的就一口不吃，衣服、学习用品喜欢的就用，不喜欢的就扔在一边，然后再缠着父母要这要那；学习上太娇气，做了一会儿功课就喊累，学了二十分钟，就要休息三十分钟，做完功课从来不收拾书本、文具，让父母代劳，好像学习了一会儿就有天大的功劳；劳动上太娇气，在家从不做家务，轻活不愿做，重活做不了；心理上太娇气，只喜欢听表扬的话，一受到批评就情绪低落，耍性子、掉眼泪，有时还会顶撞父母。

虽然现在的物质生活条件好了，没有那么多物质上的困难需要我们去面对，但是，在生活中锻炼意志力，改掉娇气的坏毛病，却是每个女生都必须踏踏实实去做的。

磨炼自己是打败娇气的最好武器，要改掉娇气的毛病，最好给自己创造一些磨炼的机会，然后勇敢地去面对。

女生小攻略

女生不娇气的秘诀

娇气会让女生缺乏意志力,还会影响人际交往。想要远离娇气,女生需要掌握下面这些秘诀。

1. 养成爱劳动的习惯

劳动是"治娇"的一个很有效的方法。

可以循序渐进,先适当做一些难度较小的家务活,比如扫地、收拾桌子等。另外,还要积极参加一些力所能及的公益劳动,并且持之以恒。这样不仅可以纠正你娇气的毛病，还能培养你的动手能力。

2. 坚持跑步、爬山

娇气的女生很怕跑步和爬山，坚持做这两件事，不仅可以锻炼身体，而且对磨炼意志也非常有帮助。

可以拉上爸爸妈妈一起锻炼，每天坚持跑步，有机会便去爬山，并制订合理的计划和目标，不断挑战自己，远离娇气。

3. 正确对待批评

不论别人的批评有多尖锐、多不中听，都应该认真倾听，这样你才能发现其中的道理，才能虚心接受批评。

要明白，认真倾听他人的批评，不仅是一种文明的表现，更是完善自我的需要。

实际上，只要学会正确对待批评，那么批评完全可以同表扬一样，成为激励你前进的动力。

耐心有魔力

耐心是坚强意志磨炼出来的，越是在困难的环境中，越能磨炼你的耐心。做任何事情都不要半途而废，每努力完成一件事，都会强化你耐心做事的好习惯。

如果现在问月月:"你最想做的事情是什么?"

月月会毫不犹豫地回答:"我想扔掉那架钢琴。"

每天无休止地练琴,一遍一遍地弹练习曲,在月月听来,眼前这个讨厌的乐器发出来的声音不再是音乐,而是一声声噪声。

"爸爸妈妈,我真的坚持不下去了。"当月月在饭桌上鼓起勇气说出这句话的时候,爸爸妈妈都惊呆了。

记得在月月很小的时候,有一次晚饭后她和妈妈一起去散步,路过音乐学院的琴房时,月月听大姐姐弹钢琴,神情非常陶醉。

以后每隔一段时间,月月都要妈妈带着她去音乐学院的琴房听钢琴曲。

一次,弹钢琴的大姐姐轻轻推开窗户,问月月喜不喜欢钢琴曲,月月睁着一双天真烂漫的大眼睛点了点头。

月月一上幼儿园,爸爸就买回来一架钢琴,到现在,月月学琴已经整整十年了。

妈妈放下饭碗,对月月说:"妈妈知道,现在是你学钢琴最艰难的时期,你一定要迈过这道坎。做任何事情都需要耐心,没有耐心,什么都干不成,你要学会忍耐,学会坚持……"

"好了,妈妈,我懂,这些我全都懂,但是我真的不想弹了,不是我没有耐心,是我不喜欢钢琴了。我知道,你们无非就是想让我有一项特长嘛,那我学画画吧。"

其实,月月并不是真的喜欢画画,她只是羡慕那些每到周末就可以三三两两背着画板去郊外写生的同学。寻一处美景,吹着自由的风,边欣赏边画画,多惬意呀!而且,如果身边恰巧有自己要好的

朋友,那感觉真的太妙了。

爸爸妈妈看月月态度坚决,最后只好勉强同意了。

但是,事情并没有月月想的那么简单。

仅仅不到两个月,月月的耐心就已经被磨没了。

"每天都对着一个苹果画,都画了一个多月了。我听过达·芬奇画蛋的故事,但那毕竟是故事,不用真的搬到现实中来吧?对着一个苹果一直画,真的是在训练美术大师吗?"

这些话月月在心底反复念叨了很多天,可她还是不敢和爸爸妈妈讲。怎么办呢?

最终,月月想到了一个瞒天过海的办法,但这个办法是不可取的。她

假装自己的手受伤了，然后用纱布一层一层地裹起来，回家后无限凄惨地告诉妈妈："医生说了，我的手一个月内是不能再碰画笔了，否则以后就再也不能画画了。"

爸爸妈妈虽然半信半疑，但也没有深究。

在休息的这一个月里，月月又发现了新的兴趣——健美操。

月月设想过妈妈反对的多种理由，但是，妈妈却很干脆地答应了，只说了句："如果这次不能再坚持下去，以后就不要和我提兴趣班的事情了。"

月月满口答应，当天就缠着妈妈去买了练功服和舞鞋。

女生成长 小红书

健美操看上去很美,训练起来却很辛苦,一首曲目跳下来,整个后背都会湿透,额头上的汗珠流下来更是刺得眼睛生疼。

巨大的运动量让月月很不适应,第二天一起床,她全身的骨头像散架了一样,到处酸疼。

去健美操排练厅的路似乎越来越长,原本十分钟就能走到,月月现在需要走半个小时。而健美操课上老师口中的节拍,也变成了敲打在她身上的重锤。

月月故技重施,跳了不到两个星期,就"崴"了脚。

在床上躺了三天,月月就待不住了,找了个借口约同学出去玩了。

晚上回到家,月月发现书桌上多了一幅画,画上有一个挖井人,挖了四五口井,但都没有挖到水,其中一口井,仅仅需要再挖十厘米,就可以挖到水了。

画的下面有一行字:也许再坚持一秒钟,下一秒就会成功。后面的署名是"爸爸"。

月月看着画想了足足一个小时。

晚饭过后,月月的房间再次响起了钢琴曲,那是充满期待和希望的音乐。

耐心是一切聪明才智的基础

耐心体现着一个人的意志品质。齐白石是中国近代画坛的一代宗师,他不仅擅长书画,在篆刻方面也有极高的造诣,但他也并非天生具备这种能力,而是经过了非常刻苦的磨炼和不懈的努力,才把篆刻艺术练到出神入化的境界。

齐白石年轻的时候就特别喜爱篆刻,但他总是对自己的篆刻技术不满意。于是,他向一位篆刻老艺人虚心求教。篆刻老艺人对他说:"你去挑一担础石回家,要刻了磨,磨了刻,等到这一担础石都变成泥浆,你的印就能刻好了。"

于是,齐白石就按照篆刻老艺人的话去做。他挑来一担础石,一边刻,一边磨,还对古代篆刻艺术品仔细琢磨。他夜以继日地刻着,刻了磨平,磨平了再刻,手上不知起了多少个血泡。日复一日,年复一年,础石越来越少,而地上淤积的泥浆却越来越厚。最后,一担础石终于都被"化石为泥"了。

坚硬的础石不仅磨砺了齐白石的意志,锻炼了他的耐心,更使他的篆刻技艺不断长进,他刻的印雄健、洗练,独树一帜。渐渐地,他的篆刻技艺达到了炉火纯青的境界。

学习篆刻不能一蹴而就,要想有所成,就必须有耐心。只有定下心来,耐心做好每一件事,你才会有所成就。

如果做什么事情都没有耐心,看别人弹钢琴很羡慕,但自己连基本的音符都没学会就没有耐心弹下去了;看别人跳舞也很羡慕,但自己只学了几天,就感觉练基本功太难了,没有了耐心……最终,只能一事无成。

耐心对我们来说非常重要,是我们获得一切才智的基础。

在日常生活中,很多小事都可以培养你的耐心,例如洗碗、擦桌子、收拾房间等。刚开始,你可能会漫不经心地边做边想出去玩,记住,一定要用心去做,直到把碗洗干净、桌子擦干净、房间收拾整洁。经历过小事的磨炼后,可以给自己设置点障碍,挑战一些有一定难度的事情。

耐心是坚强意志磨炼出来的,越是在困难的环境中,越能磨炼你的耐心。做任何事情都不要半途而废,每努力完成一件事,都会强化你耐心做事的好习惯。

女生小攻略

培养耐心的方法

耐心是可以培养的。下面介绍几种培养耐心的好方法。

1. 十分钟训练法

从现在开始,每天早晨抽出十分钟,然后为自己设定一个任务,一定要坚持在十分钟内完成。比如你为自己制订了每天记十个单词的目标,那么,就要毫不犹豫地在十分钟内完成它,这样的成就感会让你感受到耐心的魅力。

2. 心理暗示法

对自己说,你完全有时间去做某事,然后感觉一下,你的耐心增加了多少。

在培养耐心的过程中,你需要不断为自己加油,鼓励自己勇敢地往前走。

3. 连锁反应法

多与别人交流,听听别人培养耐心的方法,你就会学到更多培养耐心的诀窍,甚至会在你的周围产生连锁反应,形成推崇耐心的风气。

对于女生来说,这个方法尤其重要,假如你有一群很有耐心的朋友,你也一定会慢慢受到感染,变得有耐心起来。

10 控制你的坏脾气

如果你能将遇到的不公、别人的轻视都化为自我完善、努力向上的动力,你就能不断自我超越和成长。

豆豆母女俩简直是一个模子里刻出来的。豆豆的眼睛和嘴巴、走路的姿势、说话的语气都和妈妈一样,最要命的是,连坏脾气都一模一样。

两个人发起脾气来,堪比世界大战。

你瞧,为了看电视选台,"大战"又上演了。

"老妈,说好的每周五让我看综艺节目,您怎么能说话不算数呢?"

"我看的电视剧今晚是大结局,让我先看一会儿,很快就演完了。"

"不行,今天请到的嘉宾是我最喜欢的,我一定要看的。"

"小孩子看那么多电视干什么?你的作业都做完了吗?"

"明天是周六,有的是时间做作业,您的电视剧明天在网上也能看。"

"把遥控器给我。"

"不给。"

"给我!"

"就不给!"

"必须给我!"妈妈说着说着就急了,一把夺过了遥控器。

"每次都这样,说话不算数,干脆大家都别看了。"说着,豆豆直接关掉了电视。

啪!妈妈一把将遥控器摔在地上。

"什么时候轮到你管我了?我连在家看会儿电视的权利都没有了吗?你长大

女生成长 小红书

了,开始这样回报我了,是吗?"妈妈的连珠炮,让爸爸赶紧从厨房出来救场。

"好了,看个电视,有什么好争的?豆豆,快跟妈妈道歉。"

"为什么每次都是我的错?"豆豆的声音一下子高了八度,眼泪也夺眶而出。

还好,就在爸爸最无助的时候,门铃突然响了。救星来了。爸爸一边想着,一边去开门。

舅妈一进门就说:"满楼道都飘着你家的火药味,看来我来得正是时候,赶上看'真人大战'了。"

舅妈并没有去劝都在气头上的母女俩,反而一屁股坐在沙发上,接着说:"好了,继续演,我等着看好戏呢。"

豆豆和妈妈都傻在原地,不知如何是好了。

爸爸趁机把豆豆拉到她自己的房间,妈妈这才平静地坐了下来。

"你瞧,这哪里像我生的姑娘呀……"妈妈开始跟舅妈唠叨。

妈妈的话音刚落,房间里便传来豆豆的哭声。

"我看呀,这才像你生的姑娘,和你一个样。"舅妈说着,就站起身来,"看来,今天晚上你们俩注定是不能在一起了,我只好先带走一个了。豆豆,舅妈带你去个好地方。"

豆豆揉着眼睛走出自己的房间,立刻就跟着舅妈出了门。

"舅妈,您说我妈妈是不是太不讲理了?"

"好了,你们谁也别跟我告状,我看呀,你俩都有问题。"

豆豆红着脸不说话了,只是低着头跟着舅妈走。

舅妈把豆豆带到自己的心理工作室,让豆豆坐

下休息一会儿。

等豆豆喝完一杯水,舅妈说:"你躺到这把沙发椅上,我帮你调节一下心情。"

豆豆从小就听舅妈的话,于是乖乖地躺在了沙发椅上。

在舅妈的引导下,她来到了一个空旷的山谷,那里一个人也没有,只有哗哗的流水声和树梢上的鸟叫声。

豆豆在山谷里把心中所有的不满都发泄了出来,对着树木、青草、石头发泄,它们都静静地聆听着。

但是,发泄过后,豆豆又觉得很后悔,因为自己完全没有必要发脾气。

山谷是那样幽静,一切都是那么自然平顺,而藏在自己身上的坏脾气却与这里格格不入。

等豆豆醒来后,舅妈说:"以后遇到事情的时候,先想想刚才我们去过的美丽山谷,再想想有没有必要发脾气。"

豆豆认真地点点头。

舅妈接着说:"一个只会乱发脾气的女孩,除了爸爸妈妈,没人会真心爱她的。你长大了,要多体谅父母,不应该冲他们发脾气,他们在外工作压力很大,需要在家里得到放松,大道理我想你都明白,关键还要落实到行动上。你爸爸妈妈做错的地方,我也会跟他们认真交谈……"

其实很多时候,豆豆知道根本没必要发脾气,但就是控制不了自己。她知道,改变不是一天两天可以实现的,但只要努力,就会一天天变好。

将坏脾气转化为正能量

有个小女孩脾气很坏。

一天,妈妈给了她一大包钉子,要求她每发一次脾气就必须用铁锤在后院的栅栏上钉一枚钉子。

刚开始的几天,小女孩就在栅栏上钉了十七枚钉子。

过了几个星期,由于学会了控制自己的脾气,她每天在栅栏上钉钉子的次数越来越少,最后,她终于变得不爱发脾气了。

小女孩把自己的转变告诉了妈妈,妈妈建议道:"如果你能坚持一整天不发脾气,就从栅栏上拔下一枚钉子。"

一段时间后,小女孩拔掉了栅栏上的所有钉子。

妈妈拉着她的手来到栅栏边，说："你做得很好，但是，你看看那些钉子在栅栏上留下那么多的小孔，栅栏再也不是原来的样子了。当你向别人抱怨、发脾气时，你的言语就像钉子一样，会在他们的心上留下伤痕。"

很多时候，不良情绪不宣泄，憋着会很难受，对自己的健康也会有不良影响。不过，你需要学会用健康的方式来宣泄。比如参加体育运动，在这个过程中，将自己内在的不良情绪释放出来。当然，你也可以选择唱歌、跳舞等令人愉悦的方式来释放。

最重要的是：要努力做到不轻易朝对你最好的人发脾气，比如你的家人和朋友。

如果你能将遇到的不公、别人的轻视都化为自我完善、努力向上的动力，你就能不断自我超越和成长。

女生小攻略

赶走坏脾气的妙招

愤怒对别人有害,但愤怒时受害最深者乃是本人。爱发脾气的习惯如果不及时纠正,不仅容易伤害自己的身体,而且还将影响你对环境的适应能力。试试下面的妙招,赶走坏脾气吧。

1. 换个角度思考

当你很想发脾气时,你不妨换个角度想,如果别人对你发脾气,你会有什么感觉?是不是特别没面子,很尴尬?要记住:退一步海阔天空。

2. 学会克制

当你想要发脾气的一刹那,可以反复默念"不要生气""没有什么大不了的"等使自己放松的话语,或者到外面去透透气。只要度过那段"怒火冲昏头脑"的时间,火气自然就会平息,你就能很好地控制自己的行为了。当然,要做到控制自己的行为,不是一时半会儿就可以的,需要持之以恒的努力。

3. 及时发泄愤怒的情绪

可以通过一些活动来发泄怒气。比如到室外去跑步,在纸上涂涂画画,和朋友一

起去唱歌等。

4. 让兴趣磨炼性格

培养一些修身养性的兴趣爱好,如果你喜爱书法,可以时常写写毛笔字,在练习书法中形成良好的心态。如果你喜欢画画,可以参加学校的绘画兴趣小组,在画画中陶冶性情。还有像围棋、茶艺、插花等爱好,都是可以陶冶心性的。这些兴趣活动,能让你在面对事情时平心静气,镇定自若。

11 让节俭成为习惯

节俭不应仅出现在故事里,不能仅仅是口头上的一句空话,只有从身边小事做起,从现在做起,你才能养成节俭的好习惯。

又该办黑板报了，这期拟什么主题好呢？

办黑板报成了乔乔的大难题，要知道，每两周一次的黑板报，很多主题都已经做过了，要做出新鲜的、吸引人的黑板报，在期末的评比中拿到奖项，可不是一件容易的事情。

还好，马上到中秋假期了，还有时间，等过中秋节的时候可以好好想一下主题。放假前，乔乔给每个组员都布置了任务。

今年的中秋节怎么过呢？其实爸爸早就安排好了，就是回老家看望几位长辈。金秋是最舒适的季节，一路上，漫山遍野的红叶让乔乔的心情一下子

舒畅了很多。

所谓老家的长辈,其实就是爸爸的几个叔伯和伯母,最年轻的也有七十多岁了,但身体依然健朗。

在四奶奶家,四奶奶很热情地端上了自家做的月饼,味道很特别,比起城里花里胡哨的月饼,自家做的虽然品相一般,但吃起来格外好吃。

月饼非常酥,乔乔一掰开,就有一小半掉到了

桌子上,乔乔捡起来刚准备扔,四奶奶赶紧从她手里接过来,放到了自己口中。然后把桌子上残留的碎渣子也捡了起来放到嘴里。

乔乔看了,心里一酸,四奶奶好可怜呀!

她赶忙扶起四奶奶,说:"现在大家的生活水平都好了,您就别这样节俭了吧。"

听到这话,四奶奶摸着乔乔的手说:"可别小瞧了这些碎渣子,以前要是没有馍馍渣子,就没有你。"

"有那么严重吗?"乔乔很惊讶地问。

四奶奶嚼完嘴里的月饼,慢慢地说:"别说你了,恐怕连你爸爸都没有呢。"

提到过去,四奶奶一下子打开了话匣子:"那时候家里很穷,咱们家十几口人呢,粮食吃完了,连地里的野菜都没得挖了。怎么办?不能眼睁睁地等着饿死啊,我和你大伯就出门走一路,讨一路。

就这样，讨回来半口袋馍馍渣子，一家子人才保住了命。"

说到这儿，四奶奶的眼角竟然溢出泪水来。

乔乔帮四奶奶擦眼泪时，突然发现，自己竟然也流泪了。

在回家的路上，乔乔再也无心欣赏路边的风景了，四奶奶捡月饼碎渣子的情景怎么也无法从她脑海里抹去，再回想起自己那些没穿几天就不再穿的

衣服,每天丢进垃圾桶里的剩菜剩饭,乔乔不由得脸红了。

对了,这期的黑板报就以"节俭"为主题。

一回到学校,乔乔就和组员们商量黑板报的主题。

"我们来收集一些爷爷奶奶的节俭故事,再总结一下我们身边的浪费行为,怎么样?"

乔乔的提议得到了大家的全票通过。

做黑板报的时候,大家总结出来的日常浪费行为,写满了整个黑板。大家这才发现,自己竟然有那么多的浪费行为,以前都没有注意过。

这期的黑板报,很快在全校引起强烈反响,期末评比拿奖是肯定的了,但是,比拿奖更令人开心的是,乔乔真的收获了很多。

让节俭成为我们的生活习惯

节俭这个词对我们每个人来说都不陌生。

"一粥一饭，当思来处不易；半丝半缕，恒念物力维艰。"《朱子家训》里的名句时常回响在我们的耳边。

不算不知道，一算吓一跳。如果每人每天节约一分钱，全国十四亿多人一天就能节约一千四百多万，一年便能节约五十多亿，五十多亿就能建起五千多所希望学校，就能让千万个失学的孩子重返校园。

节俭不仅是一种良好的个人习惯，更是一种文明行为，是中华民族的优良传统。

唐玄宗的第三个儿子叫李亨，他后来继承了皇位，也

就是唐肃宗。

李亨做太子的时候,经常陪唐玄宗吃饭。有一次,御膳房准备了一些熟肉,其中有熟羊腿,唐玄宗让李亨把羊腿割开来。

李亨用手把羊腿分开后,手上便沾满了油,然后他取了一个饼,慢慢把手上的油擦下来。

唐玄宗看了心里非常不舒服,觉得李亨太浪费了,竟然用饼擦油。但让唐玄宗意想不到的是,李亨擦完油,竟

有滋有味地把沾满油的饼吃了下去。唐玄宗看罢,非常高兴,还夸奖了李亨。

作为皇帝的儿子,李亨的节俭让我们佩服。但是节俭不应仅出现在故事里,不能仅仅是口头上的一句空话,我们要从身边的小事做起,从现在做起,养成节俭的好习惯。

女生小攻略

十个节俭好习惯

以俭修身,从自身做起,从小事做起,节约一粒粮、一滴水、一度电、一张纸,使节俭成为我们的好习惯。

1. 出去吃饭,适量点菜,吃不完要打包,做到"光盘"。

2. 用便携式环保餐具自带午餐,不用一次性餐具。外出和上学时,携带自己的水杯,方便又卫生。

3. 充电结束后及时拔掉充电器,减少对电的浪费;尽量采用节能灯;夏天将空调调到不低于26摄氏度,这样可以大大节约能源。

4. 刷牙时把水龙头关上,不要让水白白流掉。

5. 购物时用家里的购物车或布袋,尽量少购买塑料袋。

6. 自制果汁,不仅健康而且环保。

7. 穿破的旧衣服,可以当抹布、做拖把。

8. 纸张要双面使用,尽量用手绢代替纸巾。

9. 文具和生活用品用坏了,尽量自己修理,不要马上扔掉。

10. 不太远的地方,可以骑自行车去,既环保又锻炼身体。

12 承诺是金

承诺不仅仅是对别人的,也是对自己的。很多时候,我们违背了对自己的承诺,就是违背了自己的梦想。面对困难、曲折和生活的压力,你会不会放弃对梦想的追逐而随波逐流呢?

坐火车对梦溪来说已经是常事了。

爸爸在另一个城市工作,每隔几个星期,她都会和妈妈坐上六个小时的火车去和爸爸团聚。

虽然离别总是多过团聚,但是,在火车上和不同的人交朋友,已经成为梦溪的一大乐事。

这天,坐在梦溪旁边的,是一位漂亮的大姐姐。

大姐姐手里拿着一本书,一本崭新的书。奇怪的是,她一直抚摩着这本书,却没有打开看过一个字。

梦溪很好奇,便把头探过去看了一眼,书的名字是《边城》。

大姐姐很快就

发现了梦溪调皮的眼神，微笑着问："你读过这本书吗？"

梦溪摇摇头，说："没有，但是我知道，这本书是沈从文写的。"

大姐姐把头一扬，说："你不会是看到作者的名字了吧？"

"哈哈，你也太高估我的视力了。"

梦溪总是有把聊天的气氛不断推向高潮的本领，这是两年来她不断和别人交朋友的成果。

在梦溪的引导下，大姐姐很快就打开了话匣子，先从她手里的书说起。大姐姐说她喜欢书里的翠翠，她带着大黄狗在溪边漫步，那情景就像是一个梦。

"你看过这本书？"梦溪问道。

"当然，而且看过七遍。"

"那你为什么还要把它带在身边？"

"因为我想把它送给一个人，但我现在找不

到她。"

原来,大姐姐曾经有一个好朋友,两人说好一起考江南大学的,但是,高考的时候,大姐姐突然得了阑尾炎,只能等到第二年再考,她的朋友考上了江南大学,以为是大姐姐违背了诺言,就再也没和大姐姐联系过,大姐姐也没有她的联系方式。

大姐姐说,她那时候就很喜欢《边城》,常常和朋友分享,但是她们的学习太忙了,朋友说等上了大学一定要好好读一读这本书。

大姐姐说:"好啊,等上了大学,我就送你一本《边城》。"

"那你没去江南大学找过她吗?"梦溪问道。

"找过,去年我高考的时候也报了江南大学,可惜分数不够只能去别的大学。每次路过江南大学的时候,我都会下车去碰碰运气,可总是没能如愿。我只有一个愿望,就是把这本书送给她。"

"我可以帮你实现这个愿望,如果你愿意把书交给我的话。"梦溪肯定地说,"很巧,我就在江南大学附属实验中学读书,我们学校离江南大学很近,我可以一个班一个班地帮你去找。"

大姐姐很感动,立即把书交给了梦溪,并在书的扉页上写上了女孩的名字——欧小蓝。

而这个名字,也成了梦溪找人的唯一线索。

一次偶然的相遇,就承诺帮别人在拥有数万名学生的江南大学找人,连梦溪

线索
承诺
斩钉截铁

的爸爸妈妈都觉得这个举动太疯狂了。

"我已经答应人家了,承诺的事就一定要做到。"梦溪回答得斩钉截铁。

找人行动在每个周五的下午进行,梦溪真的是一个班一个班地找那个名叫"欧小蓝"的女孩。

三个月后,梦溪终于有了收获,在人文学院找到了一个同名的女孩,打听女孩的老家,也和大姐姐说的一模一样。

听欧小蓝的室友说她去餐厅吃饭了,梦溪就赶紧追了过去。

见到欧小蓝,是在学校食堂的大厅里。梦溪把书交给欧小蓝之后,她显然有些惊异,眼眶里慢慢溢出了泪水。

梦溪顾不上解释,留下一句话:"我兑现了自己的诺言,再见。"然后,她就转身离开了。

承诺重在行动

承诺其实包含了两个方面,一方面是做出的承诺,也就是嘴上说的或文字写的,另一方面是行动,是对做出的承诺的履行。

有些事情说起来容易,做起来就难了。其实最难的还是不轻易做出承诺或只做出可以兑现的承诺。我们太容易做出承诺,但很多时候承诺却无法兑现。有这样一句话:商人和骗子只有一步之遥,商人总是能兑现自己的诺言,而骗子却是用虚假的诺言来欺骗人。

道尔顿·盖蒂是美国的民间艺术家。一次,一位多年不见的老朋友上门拜访,这位老朋友在残疾人服务中心工作,他被道尔顿的铅笔微雕作品所折服,便邀请道尔顿带上他的作品,去残疾人服务中心做展出,鼓励残疾人自强不息。道尔顿对老朋友许下承诺,只要手中这件熊猫微雕作品完成后,他就立刻带着作品去做展出。

几天后,道尔顿把一百多件铅笔微雕作品放进一个黑色的小布袋里,拄着拐杖往残疾人服务中心走去。半路上,他在路边的椅子上休息了一会儿,却不小心遗失了小布袋。道尔顿打电话到报社,说要悬赏五千美元赎回那袋铅笔微雕作品。

第二天,道尔顿接到了一个名叫安德鲁的人打来的电话,说他捡到了那些铅笔微雕作品,并愿意出三万美元的高价买下它们。

道尔顿却说,自己愿意用三万美元从他手上赎回那些作品。安德鲁一听,笑了:"那些作品是你自己雕刻的,你为什么要自己花钱赎回去呢?你完全可以再雕刻一些啊!"

"不!这些铅笔上

雕刻着的不仅仅是艺术,更是承诺!"随后,道尔顿把事情原原本本地告诉了对方,安德鲁听后完好无损地送回了那一百多件铅笔微雕作品。

  一个人许下承诺很容易,履行承诺却不那么简单,承诺做出以后,只要在我们的能力范围之内,都应该去兑现。

女生小攻略

守信女生的三原则

养成信守承诺的习惯可不容易,学习下面的三个原则,会更好地帮助女生重视承诺,履行承诺。

1. 不讲大话

很多女生要面子,总是爱说大话,这样就容易给人留下夸夸其谈的印象。因此想要塑造你的诚信形象,先要管住自己的嘴。

2. 做出承诺之前想一想

做出承诺很容易,但是,你真的能够兑现吗?

你在做出承诺之前,要先想一想自己有没有能力去兑现。如果不能兑现,先不要急着答应对方,可以和对方一起商量,想出更好的方案。

不要让承诺成为困住你的枷锁。

3. 从小事做起

养成信守承诺的习惯,要从小事做起,先承诺一些小事,然后努力去完成,在体会其艰辛的同时,也品味兑现承诺后的幸福。

不要因为承诺的事太小而觉得无所谓,重视你做出的每一个承诺,然后用心去完成,你会发现收获的不只是对方的肯定,更是自己对自己的肯定。

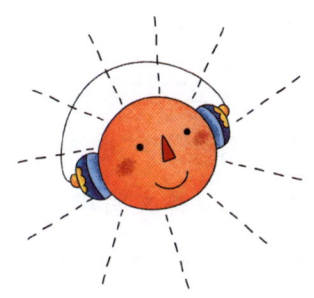

刷刷

中国作家协会会员，儿童文学作家，江苏省优秀校外辅导员，江苏省十大优秀科普作家之一。主要作品有《向日葵中队》《幸福列车》《八十一棵许愿树》《星光少年》等。作品入选"优秀儿童文学出版工程"、"向全国青少年推荐的百种优秀图书"、"中国好书"月度好书等，曾获江苏省精神文明建设"五个一工程"奖、桂冠童书奖等。有多部作品被改编为儿童广播剧、儿童音乐舞台剧、儿童电影、百集儿童校园短剧等。